U0074402

目次

第一編　概論……一
一、人體中需要之營養……一
二、食物的調製……二
第二編　食物的烹調……二
第一章　葷菜……六
第一節　肉類……六
紅燒豬肉　白燉豬肉　粉蒸肉　白切肉　肉圓　炒肉絲　糖醋排骨　炒腰花　炒豬肝
（炒牛羊肝略同）　紅燒豬腸　紅燒牛肉　（紅燒羊肉同）　炒牛肉絲　蕃茄牛肉湯
羊羔　羊血羹
第二節　鷄鴨類……一八

紅燒雞塊（紅燒鴨同） 白燉雞 炒雞雜（炒鴨雜同） 炒雞絲 雞絨菜花 溜炸雞
蕃茄炒蛋（炒鴨蛋附） 燉雞蛋（燉鴨蛋附） 溜黃菜 燒片鴨 嵌寶鴨
第三節 魚類……二七
溜黃魚 炒魚片 紅燒鰱魚頭尾 豆瓣鯽魚 清燉鯿魚（清燉鰣魚鯽魚鯉魚同） 魚
丸 燒魚雜 燻青魚 炒鱔絲
第二章 素菜……三六
第一節 根菜類……三六
糖醋生蘿蔔 拌蘿蔔絲 炒胡蘿蔔片 洋芋泥 紅燒芋頭 炒茭白
第二節 葉菜類……四〇
炒白菜（炒瓢兒菜青菜同） 炒菜苔（白菜苔油菜苔均可） 炒菠菜 炒莧菜 拌
芹菜（拌空心菜、菠菜、莧菜、馬蘭頭均同） 炒芥菜 炒韭菜
第三節 菓菜類……四四

紅燒東瓜　紅燒茄子　炒新蠶豆子　炒蠶豆瓣　紅燒四季豆（豇豆扁豆同）

第四節　其他類……四八

炒豆乾　燴豆腐　素齋菜肉絲鑲　炒雪筍　炒筍絲　煮干絲

第三章　醃貨類……五三

第一節　葷菜類……五三

醃雞　醃肉　醃魚　醃鴨蛋

第二節　素菜類……五六

醃雪裏紅　醃水菜　醃大頭菜　醃香椿頭　醃蘿蔔乾　醃豆腐乳

第三節　其他類……六〇

造豆醬　造甜醬　醬甜瓜　醬生薑

第四章　點心類……六三

第一節　米粉類……六三

家常菜肴烹調法　四

湯糰　年糕　粽子　八寶飯　刺毛糰　糖粥

第二節　麵粉類……六七

饅頭　包子　餃子　春卷　水晶麵衣　蓮花片　油酥餅　葱油餅　炸麵脆　炒麵

第三節　其他類……七五

豆漿　燒糍糰　蕃薯泥　橘酪湯

家常菜肴烹調法

第一編　概論

人體好像一部機器，機器要有了燃料，才能發動。人體要有了食物，才能產生熱力動作；才能生長發育。所以食物是構成體質和維持生理活動的基素；它能影響發育、成長、健康，同時也能影響壽命。

社會的進化，人類的成就，端賴健全人力推動，人力之基礎在健康，健康之基礎在合理的營養，但是人力的培養，需要時間，而人力的持久，更需要時間，長壽之可貴，亦卽在此。

中國人之壽命，平均較西人爲低，營養不良，是一個最大原因，我們需要健康，需要持久而快樂的健康，欲達到此目的，必須改良膳食。

一　人體中需要之營養

一　人體中需要之營養

人體中需要的營養素，主要的大約有五項，現在簡略的說一下：

1. 炭水化物——澱粉、糖、——炭水化物爲熱能的主要來源，食物中含量最多的爲穀類及根莖類植物。

2. 脂肪　脂肪的主要功用是能生熱力，保持體溫，動植物油中含量最多。

3. 蛋白質　蛋白質是生長及修補人體組織的基本原料，食品中含量最多的，在動物中有乳類，肉類、魚類、蛋類等；在植物中有豆類、穀類等。

4. 礦物質　礦物質是生長維持生命之主要成分又是骨骼、肌肉、血液等組織的主要成分。與人生最有關係的有鈣、燐、鐵等種。食品中含量最多的，有乳類、蛋類、青菜、馬鈴薯等。

5. 維生素　維生素的功用是維持人體的正常生長、食慾、健康、增進牙齒及骨骼的生長及預防營養缺乏病等，功能之大，神乎其奇，食物中含量最多的爲蛋類、乳類、青菜類、魚類、馬鈴薯、水果、豆類等。

綜上所述，飲食對于人生有重大的關係，我們不但要吃調味得很好的食品而更須顧及它的營養這樣才能享受健康的快樂，才能增長壽命。

二 食物的調製

1.火候 無論做那一種菜，火候最關重要，火普通分爲兩種，一種是武火，如焦炭、煙煤等。一種是文火、如木炭、稿草等。武火火力強大，最宜炒炸的菜，例如炒肉絲、炒腰花，炒魚片，炒子鷄等。文火火力緩慢，宜於做燜、燉、蒸、燒等類的菜，例如紅燒牛、羊、猪等肉，燉鷄酥魚等等，武火的好處，在使菜做得鮮嫩，而文火的好處．在使食物爛熟，湯汁濃厚。

2.切割 食物的切割須用快刀，這樣食物的纖維容易切斷，例如肉類要炒的應該將肌纖維橫截成絲或片或丁，紅燒的要切成長方形，這樣形式上比較美觀而易咀嚼。

3.調味 普通調味的作料是油、鹽、醬、醋、糖之類，但酒、香糟、葱、薑、蒜、胡椒粉等，有的可以解腥臊之味，有的可以助長香馥之氣，不妨隨各人的喜愛多少放一點，調味的目的，一方面要盡力使食物含有的重要營養素不致損壞，同時更要顧及食物的色、香味，以便引起我們的食慾，所以是很值得注意的。

二 食物的調製

第二編　食物的烹調

第一章　葷菜

第一節　肉類

我們普通吃的肉類，大都是猪肉，羊肉，牛肉等，這些肉類中，富有脂肪，蛋白質及維生素甲乙，是最好的滋養品。

（一）　紅燒豬肉

材料

猪肉一斤，喜歡吃肥的用背部腹部，喜歡瘦的用腿部，喜歡帶骨的用蹄部，（選擇肉的標準，要皮薄潔白，瘦肉呈淡紅色。）

油一兩，好醬油二兩，糖鹽各少許，香料少許。（大茴、葱、薑、都可以解腥。）

製法

把肉洗淨，切成長方塊，先把油倒在鍋裏燒熱，然後把肉放在油裏，翻覆攪動，大約一分鐘，加入醬油，再翻覆攪動，等每塊肉都沾着醬油，加入半碗水，香料及糖少許，用鍋蓋蓋住，用文火煮，隔三十分鐘，開鍋攪動一次，加水少許，約二小時，就可爛熟取食。

（二）白煨猪肉

材料、

猪肉一斤　酒二兩　鹽少許

製法

把肉切塊洗淨，倒入鍋中，加水蓋過肉面，先用武火煮沸，將浮面的泡沫撈去，加入酒鹽等，用文火再煮，至肉爛汁稍粘爲度，如煨時加入白菜或蘿蔔，新鮮榨菜頭（俗稱茶老兒），冬筍，火腿，鹹魚等都可以。

（三）粉蒸肉

材料

豬肉一斤　醬油四兩　酒二兩　米粉四兩　荷葉數張

製法

把肉切成厚一分左右的薄片，浸入醬油酒中，約一小時，另取大盤，將米粉倒上，然後把肉片夾出，放出米粉中反覆攪拌，等遍沾米粉後，取荷葉，剪為方塊，每塊包肉一片，放大盤中置蒸籠上，大火沸湯蒸之，經二小時，用筷刺肉，如果一刺便穿透，就已蒸熟可吃，為簡便起見，也可以不用荷葉包，肉爛粉凝，一樣鮮美可口。

（四）白切肉

材料
肉一斤　醬酒一兩　薑末　芥末　蒜醬各少許
製法
將肉皮切去，切成完整的二塊或四塊、放入鍋中、加水蓋過肉面，用武火煮之，約五十分鐘取出，切成薄片，以醬油、薑末（或芥末）或蒜醬等拌食。煮之的肉汁，還可以做豆腐菠菜湯等。

（五）　肉圓

材料
腿肉一斤　油四兩　醬油二兩　酒一兩　豆粉二兩　葱薑少許　青菜半斤
製法
將肉洗淨，用刀亂剁，（喜歡滋味濃厚的可加入木耳，香菌，蝦米等）加、入醬油，酒、葱、薑、各少許，俟細碎而爛，取放大碗中，加豆粉少許，拌勻，用手搓揑成團，然後將油倒入鍋中燒沸，取肉圓逐個浸入滾油中煎至四面皆黃，卽下醬油，再和以水，乃以切碎之靑菜同下，燒二透，便可食。如果不用油炸，卽用清湯一碗，醬油半匙，倒入鍋內燒開，再將肉圓放入，煮數十分鐘，味也鮮美可口。

（六）　炒肉絲

材料

猪肉半斤（須瘦多肥少）　猪油一兩　醬油一兩　酒少許　豆粉少許

製法

取肉洗淨，切成細絲，先將油倒鍋中燒熱，然後把肉倒入鍋中，用鍋鏟不停手炒之，等少熟，加酒少許，醬油一兩，豆粉少許，再翻覆攪拌之，約數分鐘，即速起鍋，否則肉老而不易消化。炒時可以加入各種副料，如洋葱，白菜，黄芽菜，茭白，雪裏紅，韭菜等，炒肉片的方法與炒肉絲相同，只不過將肉改切肉片而已。

（七）　糖醋排骨

材料

排骨一斤　油半斤　糖一兩　醋一兩　豆粉少許　醬油一兩

製法

將排骨切成一寸見方之小塊，洗淨浸入醬油中，約十數分鐘，然後把油倒入鍋中，燒至沸滾，將排骨分數次倒入油中炸之，用鏟刀常常攪動，以免粘住鍋底，炸熟後倒入盤中。把鍋中餘賸的油倒去，再將已炸過的排骨，傾入鍋內，加糖，醋，翻覆攪拌數下，再加豆粉水少許，即可取食。

（八）　炒腰花

材料　豬腰一對　醬油一兩　酒、醋、糖、豆粉各少許　副料木耳，葱，或冬筍少許

製法　將腰子破開，用刀把裏面白色的部分刴去，正面劃斜細紋，深約一分，於清水中漂之，使血水漂清，橫切成長一寸厚三四分之薄片，炒時先把油倒入鍋中，燒至沸滾，即將腰花及其副料加入，用鏟刀略炒數下，再將醬油、糖、豆粉調和加水少許倒入，再炒數下，即可鏟起進食。炒時要敏捷迅速，否則火力一過，就失鮮嫩之味。

（九）　炒豬肝（炒羊牛肝略同）

材料

豬肝半斤，鑑別法：豬肝有鐵肝，粉肝兩種；粉肝質鬆輭，利於炒，鐵肝質堅硬，不利於炒；深紫近黑色的爲鐵肝，色淺淡的爲粉肝。

油一兩，醬油半兩，糖，醋，豆粉各少許，副料木耳葱或冬筍等少許。

製法

將豬肝洗淨，浸淸水中約一二小時，取出切成薄片，炒時先把油倒入鍋中燒沸，然後將切片之肝及其副料倒入，用鏟刀翻覆炒之，再將糖，醬油，豆粉等加入，再炒數下，即可取食，炒豬肝與炒腰花相同，要敏捷迅速，才不致過老殭硬。

（十）　紅燒豬腸

材料

大腸一副　酒一兩　醬油五兩　鹽糖少許　大茴香少許

製法

豬大腸最重要爲洗淨，否則有腌臢之氣，極爲難聞。洗時須裏外反覆用油及鹽搓洗之；洗後用清水漂過，務使嗅時毫無腌臢之氣，然後用刀剪開，切爲寬一寸餘長八九分之小塊，再用水清洗。洗後，加水放入鍋中，先用稍大火煑，俟水沸將泡沫撈去，再加入醬油，香料，酒等。蓋鍋用文火煑二小時，卽可爛熟。

（一一）　紅燒牛肉（紅燒羊肉略同）

材料

牛肉二斤　醬油半斤　糖、葱、薑、茴香，各少許

製法

把牛肉切成大塊，洗淨，放入鍋中，倒水蓋肉面，加薑、葱、用武火煮沸，將泡沫撈去，再加入醬油，茴香、糖、等用文火燒之，隔四小時餘就可取食。

（二）　炒牛肉絲

材料

牛肉半斤　蒜薑少許　醬油一兩　豆粉少許　油二兩

製法

把牛肉切成細絲，洗淨，放入碗中，加醬油，薑、蒜、（切成細末）及豆粉水少許，拌和，炒時先把油倒入鍋中燒至沸滾，然後將牛肉絲倒入，迅速用鏟刀翻覆攪炒，約一分鐘即可起鍋，時間太久，則肉老而不易消化，如用副料，可加入洋葱頭，大蒜葉之類，炒牛肉片方法相同，不過切時把絲改切爲薄片。

（一三） 蕃茄牛肉湯

材料

牛肉半斤 蕃茄半斤 鹽少許 葱數根

製法

將牛肉切成薄片，洗淨，放入鍋中，加水煮半小時，然後將蕃茄切片放入，煮沸加鹽，葱（切細）卽盛起，味極鮮美。

（一四） 羊羔

材料

肥羊肉二斤 鹽酒少許

製法

羊羔在南方宜於冬天，否則不易凍結，把肥羊肉（帶皮）二斤去骨，切成小塊，放入鍋中加酒水，鹽等用大火煮之，至肉爛而汁剛浸到肉爲度，然後取出，倒入平底鉢中撥成平面，冷天自能凍結，吃時割取數塊，切成薄片，以甜醬，生大蒜共食。

（一五）　羊血羹

材料

羊血四兩　雞蛋或鴨蛋一個　醬油半兩　醋一兩　胡椒末少許　鮮筍四兩（或茭白亦可，無時則不用。）

製法

將羊血，鮮筍或茭白（殼剝盡）等切成絲，再將蛋打破，黃白均倒碗中，加清水半碗，用筷帶蛋連水，狠打一二百下，然後放清水大半碗於鍋中，

（有美味湯汁更好），將筍絲倒下先煮熟，加入醬油，然後將羊血絲倒入，用筷輕輕攪勻，再將蛋迴環沃入，將醋倒入，用筷再輕輕攪勻、少時即熟，盛大碗中，撒上胡椒麵。如無鮮筍茭白各絲，則將蛋打破攪勻，倒碗中蒸熟，取出切為細絲，與羊血同下水中煮，然後加醬油等物。

第二節　雞鴨類

雞鴨為最普通之家禽，各地皆有，肉味鮮美，滋養料亦極豐富。其所生蛋，富蛋白質，無機鹽，維生素，對人體極富有營養價值。

（一）　紅燒雞塊（紅燒鴨附）

材料

雞一隻（重二斤太大肉粗）　油一兩，　好醬油四兩　糖薑各少許

製法

把鷄殺好洗淨，帶骨切成小方塊，先把油放入油鍋中燒熱，然後將鷄塊倒下，用鏟刀反覆炒之，等油將乾，加入醬油，糖再炒，看醬油又將收乾時，放淸水一小碗，剛蓋滿鷄塊，再放薑數片，燜煮二小時，就可取食，如果加栗子（栗子須待鷄燒到半熟時再放下）味也很美。

（二）　白燉鷄

材料

鷄一隻（重三斤餘）　酒二兩　薑鹽少許

製法

把鷄一隻，整個不切，洗淨放瓦罐中，加水蓋鷄面，加酒，用武火燒沸，撈去泡沫，放薑片少許，煮至半爛放鹽，用文火燒之，約二時餘，肉爛汁濃，味極鮮美。

（三） 炒鷄雜（鴨雜附）

材料

雜一副（肫、肝、腸） 猪油（素油亦可）一兩 醬油半兩 糖、酒、薑、葱各少許 副料冬筍或黃花，木耳、少許 豆粉少許

製法

將鷄雜用鹽打去其污，洗淨，腸用剪刀剪開，切爲段，肫肝切爲片，放入碗中加醬油，糖，薑、豆粉，拌勻、炒時先以葷油倒入鍋中燒熱，然後把鷄雜倒入，用鏟刀炒之，如果加副料冬筍等，也就隨後倒入，合同攪炒，燒一透，加葱（切一寸長）少許拌勻，即可盛起。

（四） 炒鷄絲

材料　鷄一隻　猪油二兩　白醬油一兩　豆粉少許　副料冬筍半斤

製法

炒鷄絲專取鷄腹部胸膛之肉，將皮剝去，浸入淸水中，過一小時取出，放砧板上，用鋒利之刀切爲細絲，以豆粉拌之，炒時先把豬油放入鍋中燒熱，然後將鷄絲放下，反覆攪炒，再加入白醬油及筍絲等，再炒十數下，就可盛起。

（五）鷄絨菜花

材料

鷄一隻　菜花一棵（重約三四斤過大者取一半）　猪油二兩　白醬油一兩　鹽、豆粉少許

製法

取鷄腹部胸膛之肉，洗淨切碎，放砧板上，用刀亂剁之，又以刀背亂搗之，使稀爛，置鉢中，下清水大半碗，調勻若漿糊，用右手向鉢中攪打之，一面攪打，一面手指檢出鷄肉之未細未爛者，然後和以豆粉及鹽，攪打數百下卽成鷄絨，再把菜花一朶朶摘下，用清水煮一透撈起去水。炒時先把豬油放入鍋中燒熱、然後把菜花倒入鍋中，用鍋鏟反覆炒之，再將已攪好的鷄絨倒入，加白醬油（無白醬油，可加鹽少許）拌勻，燒一透卽可起鏟，味極鮮美。

（六）　溜炸鷄

材料

鷄一隻（重一斤餘）　油四兩　醬油二兩　豆粉糖少許　葱一寸長者五六

模

製法

將炒鷄絲或鷄絨菜花所餘之鷄（炒鷄絲及做鷄絨只要胸膛之肉）有頭、頸、兩翼、兩腿、及背部，皆可切爲小方塊，横直皆半寸，以醬油和糖放大海碗中浸之，須一小時，使透味，然後將油倒入鍋中，燒滾，將鷄放油中炸之，使極酥勿焦爲度，然後撈起瀝乾，將鍋中餘油舀去；再將油下鍋，將浸鷄所餘之醬油糖倒入葱亦加入，用鏟刀撥動數下後，沃入豆粉調醋，再攪數下，即可起鍋。

（七） 蕃茄炒蛋（炒鴨蛋附）

材料

鷄蛋四個　蕃茄二個　鹽少許　猪油二兩　葱花少許

製法

將蛋打破去殼，用筷子攪拌調和，打數十下再將蕃茄去皮（將蕃茄浸入開水中皮極容易去掉）去子切成小塊，和入蛋中，加鹽及葱花少許，再攪和數十下，炒時先用猪油倒入鍋中燒熱，再將蛋倒入攪炒，等蛋凝結，即起鍋，味極鮮嫩可口。

（八）　燉鷄蛋（燉鴨蛋附）

材料

鷄蛋二個　猪油醬油各少許　葱花少許

製法

將鷄蛋打破，用竹筷把蛋黃蛋白打勻，加溫開水小半碗（用開水則蒸時可開看熟未，未熟再蒸可熟，用冷水調，則一開看再蒸不熟矣）再打數十下，使水蛋交融，如不畏葱味，則加葱花少許以壓腥氣。燉時先放水小半鍋燒熱，然後將盛蛋之碗燉入鍋中，蒸十五分鐘可熟，蛋未熟則太生，如乳如泔，固不可食；太熟則如棉花，亦乏味。蒸蛋時如加肉屑，干貝，或蝦米，味更鮮美。

（九）溜黃菜

材料

鷄蛋四個　猪油四兩　火腿二兩　葱花少許　鹽少許　豆粉少許

製法

將鷄蛋打開，去蛋白，專取蛋黃，每一蛋參水一湯匙，（用鷄湯或鮮味湯代水更好，）狠狠攪打數百下再將火腿切成細丁，和入蛋中攪勻，放鹽及豆粉少許，炒時將猪油先倒鍋中燒滚（每一個蛋須用猪油一兩）將蛋倒

入，急急不停手攪炒之，務使蛋與油勻和如醬，無絲毫拖黏之處，即可鏟起，如喜香料可加葱花少許

（十）　燒片鴨

材料

鴨一隻（中等大者，約二三斤之間，太小有腥味　過大則爲塡鴨，油太厚價太貴，非家常飯菜所宜。）　油四兩　好醬油三兩　糖一兩

製法

將鴨洗淨後切爲五六塊，分頭部與兩翼兩腿爲五部，倒入鍋中，加水煮熟。再將醬油調糖，將已熟之鴨，浸其中，隔數分鐘，翻轉漬之；約一小時，然後將油入鍋中，燒沸，取鴨放入灼之，灼熟以鐵絲瓢撈起，瀝乾其油，然後帶皮切片，厚三分，寬一寸餘，即可供食。

（二） 嵌寶鴨

材料

鴨一雙　鮮肉，火腿，栗子，香菌等各少許，糯米一合，酒一兩，醬油三兩

製法

將鴨殺好洗淨，在腹下割開一孔，將腹中肺、肚、腸、油等取出，用清水洗滌乾淨，然後將糯米（糯米洗淸，浸水中一小時，撈出瀝乾水。）鮮肉，火腿，栗子，香菌等加醬油一兩，酒五錢拌勻，塞入腹中，用線把裂口縫起，放置鍋中，加水及醬油二兩，酒五錢，用文火煮之，約二小時餘可食。

第三節　魚類

魚類極富營養，且易於消化，爲病人，老人，小兒最佳之食物。魚可分爲

淡水魚及鹹水魚兩種：淡水魚生於河川湖沼中，如鰱、鯉、鯿、鱖、鯽等是，鹹水魚則產於海中如黃魚，鯊魚、帶魚、等是。

（一）　溜黃魚

材料

黃魚一尾（黃魚出水卽死，選擇黃魚時，把頭部腮骨掀開，看魚腮血色鮮明，眼珠透亮者，爲不腐敗之徵）　油半斤　醬油二兩　醋一兩　糖一兩

酒、葱、薑、各少許，冬菰數朶

製法

把魚破腹洗淨，用刀在魚背肉厚處劃爲斜紋小方塊，放油入鍋中燒沸、取魚置滾油中炸之，等魚皮變黃褐色，舀去鍋中餘油，加醬油、葱、薑酒、冬菰及水一小碗，等燒沸，再加糖醋，把魚反覆溜之，約三分鐘，卽可盛

起。

（二） 炒魚片

材料 魚一尾、油一兩、醬油一兩、糖葱各少許、副料冬筍、木耳少許、豆粉少許

製法 把魚破腹洗淨，切去頭尾，除去魚骨，割去魚皮，把魚肉橫切爲薄片，置豆粉水中拌之，炒時將油倒入鍋中燒沸，即將魚片、木耳、葱、冬筍片等同時倒下，用鏟刀反覆炒之，使魚片及其他各物均沾到油，等半熟，加醬油及糖，再炒數分鐘即可盛起。

（三） 紅燒鰱魚頭尾

材料

三斤重鰱魚一尾，魚肉可作別用（如炒魚片，魚圓等），頭尾則可另行紅燒

油一兩 醬油二兩 糖、葱、醋各少許

製法

把魚頭鰓骨中鋸齒狀之鰓挖去，洗淨，然後把頭切成四塊，魚尾亦切成小塊，燒時先把油倒入鍋中燒熱，把魚塊放入，用鏟刀反覆炒之，加醬油、糖、葱、水、再反覆攪拌數十下，然後把醋倒入，再燒片刻，就可以盛起

（四） 豆瓣鯽魚

材料

半斤重鯽魚一尾、油四兩、醬油一兩、豆瓣一兩、糖、醋、葱、薑、豆粉各少許，冬菰數朶

製法

把魚剖腹洗淨，用刀横劃魚身兩面，先將油倒入鍋中燒沸，把魚放入，炸至魚身兩面成黃褐色，把鍋中餘油舀起加醬油，糖、薑、醋各少許，用鏟刀反覆炒之，再加入冬菰、葱絲、豆瓣、用豆粉調水少許倒入煮五分鐘，即可盛起。

（五） 清燉鯿魚（鯉魚鰣魚鯽魚附）

材料

一斤重鯿魚一尾　火腿二兩　冬菰數朶　薑鹽少許　酒一兩

製法

把魚剖腹去鰓洗淨，放入大碗中，加清水一碗然後將火腿切爲薄片，貼魚身上，再放冬菰數朶，加酒撒鹽，放入蒸籠中蒸之，或放入沸水鍋內隔湯蒸，約四十分鐘可熟。

（六）魚丸

材料

青魚一尾　黃酒四兩　鷄蛋四個　鹽一兩

製法

將青魚去鱗，去骨、洗淨、用刀在砧板上剁之，使成醬、盛於鉢中和以蛋白及水一小碗，用筷攪打之，漸使稀爛，下酒鹽，再打數十下，便可做丸，做時先燒溫水，（不可過熱如熱可加冷水摻之）用右手將鉢中魚料，滿握一把，以食指與母指合作一圈，握中魚料自圈內擠出，即成一丸，投入溫水中，待浮便可撈起，食時和以鷄湯燒之，味更佳。

（七）燒魚雜

材料

青魚雜一付（魚雜卽魚肚中之腸肝等需十斤左右重之魚雜才可吃）豆腐三塊　陳酒一兩　醬油二兩　菜油二兩　鹽、葱、蒜各少許

製法

將魚雜用清水洗淨，以剪刀剪成塊塊，燒時先把油倒鍋中燒熱，以魚雜倒入爆之，等少熟，加酒、醬油、豆腐及清水一碗，然後蓋上鍋蓋燒之，燒沸後加葱蒜，卽可鏟起。

（八）　燻青魚

材料

青魚一頭（重二斤）　好醬油四兩　酒二兩　葱數根（切成寸長）　糖半兩

製法

將魚剖洗乾淨，斷去頭尾，將魚身橫切三四分厚，然後將醬油、酒、糖、葱相和，倒入鍋中燒滾，倒在大碗中，取魚塊放入浸之，爐中燒熾木炭，（煤炭不可用）取魚塊二三塊放鉄絲瓢上，持向炭上燻之，看魚上汁乾，放碗中再浸，燻過二次，則魚已透味，餘魚照樣。

（九）　炒鱔絲

材料

鱔魚一斤　油一兩　醬油二兩　酒、糖、豆粉、薑各少許

製法

把鱔魚洗淨，劃絲去骨，切爲長一寸，寬二三分之長條，先把油入鍋中燒沸，將鱔魚倒入，用鏟刀反覆炒之，加入酒、醬油、薑末、糖，再炒數十

下，續加豆粉水，略炒，即可盛起。

第二章　素菜

我們常吃的素菜中，有很多含有豐富的維生素，如根菜中的胡蘿蔔、洋芋；葉菜中的菠菜、莧菜、青菜；菓菜中的豆類、西紅柿等，都富有營養價值，不能以其價廉易得而輕視之。

第一節　根菜類

（一）　糖醋生蘿蔔

材料

蘿蔔半斤（以外皮紅色小如荔枝者最佳）　醬油一兩　糖醋各半兩　好麻油少許

製法

把小蘿蔔根頭兩端切去，用刀背椎之使碎裂，放大碗中，撒糖，澆醬油醋·及好蔴油，以竹筷攪拌之，入口鬆脆，別有滋味。

（二） 拌蘿蔔絲

材料

蘿蔔二個　蔴油二兩　醬油一兩　食鹽、白糖、葱各少許

製法

先把蘿蔔用水洗淨，用刀切成細絲，倒入瓦鉢或菜碗中，加食鹽，用力捏去辣水，再加白糖，葱珠，醬油，然後將油倒入鍋中燒熱，舀出澆入蘿蔔絲中拌和，就可取食。

（三） 炒胡蘿蔔片

材料

胡蘿蔔一斤　醬油一兩　油一兩　大蒜葉數根

製法

將胡蘿蔔洗淨，斜切爲片，將油下鍋熬熟，倒胡蘿蔔入鍋中反覆炒之，使遍着油，然後下醬油及水小半碗，蓋鍋燒之，俟爛熟，加切碎大蒜葉，燒一透即可盛起。

（四）洋芋泥

材料

洋芋一斤　鹽少許　葱珠少許　油一兩

製法

將洋芋煮熟去皮，切成碎片，然後倒油入鍋燒熱，把洋芋倒入鍋中，加鹽反覆攪炒，使成泥，再加葱珠少許拌勻，即可盛起。

（五）紅燒芋頭

材料　芋頭一斤　油一兩　醬油一兩　糖少許　薑末葱珠各少許

製法　將芋頭刮去外皮（如先用水煮熟皮極易去掉）洗淨，切成繞刀塊，燒時先把油倒鍋中燒熱，然後把芋頭倒下，用鏟刀反覆攪炒之，加水小半碗，蓋鍋燒熟，俟水乾，加醬油、糖、薑末，葱珠拌勻，燒一透，就可盛起。

（六）炒茭白

材料　茭白一斤　菜油一兩　豆腐干一塊　醬油一兩　糖少許

製法

把茭白剝殼，用刀切成細絲，豆干也切爲絲，然後把油鍋燒熱，將茭白絲及豆乾絲倒下炒之，加醬油燒一透，加糖少許拌勻，便可盛起。

第二節　葉菜類

（一）　炒白菜（瓢兒菜青菜附）

材料

白菜一斤　油一兩　鹽少許

製法

將菜擘去外葉，洗淨，切成寸長，然後將油倒入鍋中燒沸，倒白菜入鍋內炒之，等半熟，加鹽及水少許，再反覆攪炒使透味，看菜大熟，即可盛起（炒白菜時不可蓋鍋蓋否則菜葉變黃）如喜歡味更鮮美者，在白菜炒至半熟時，加入火腿片或蝦米，冬菰，猪肉絲，等稍炒數下，再加豆粉水少許，燒一透，即可盛起。

（二）　炒菜苔（白菜苔油菜苔均可）

材料

菜苔半斤（苔即未開之花）　菜油一兩　醬油及糖酒各少許

製法

把菜苔洗淨，摘去其梗及葉之粗者，切成一寸長，再用清水洗淨，置竹籮中瀝乾水，然後將油倒入鍋中燒熟，取菜苔倒入鍋中，以鏟刀反覆炒之，等菜軟，加醬油少許，再以鏟刀攪和之，不蓋鍋蓋，燒至菜將熟，加糖酒少許，燒一透，即可盛起，如在加醬油時加入副料火腿片，蝦米，冬菰等，味更美。

（三）　炒菠菜

材料

菠菜十二兩　油一兩　醬油酒各半兩

製法

把菠菜切根洗淨，倒入燒熱之油鍋中，用鏟刀反覆炒之，稍軟，加酒及醬油，再燒數透，即可取食。

（四）炒莧菜

材料

莧菜十二兩　大蒜頭一個　菜油一兩　醬油一兩　糖酒各少許

製法

把莧菜洗淨，大蒜頭去殼，剁成小瓣，用刀背打碎，加油入鍋燒沸，把莧菜，大蒜頭同時倒入，用鏟刀反覆炒之，少熟，加酒及醬油，燒一透，即可盛起。

（五）　拌芹菜（拌空心菜，菠菜，莧菜，馬蘭頭均同）

材料

芹菜一斤　荳乾兩塊（大者一塊）　香麻油三錢　醬油大半兩　糖少許

製法

將芹菜上半節綠者切去，只留下半節白者，切一寸長，豆干切絲；先將清水倒入鍋中煮沸，取芹菜下鍋煮之，熟即用鐵瓢撈起瀝乾，放大碗中，加荳乾絲，用醬油，香麻油、糖拌之。

（六）　炒芥菜

材料

芥菜半斤　春筍兩只　菜油一兩　醬油酒各少許

製法

把芥菜用水洗淨，春筍剝殼切片，倒入燒熱之油鍋內，反覆炒之，約四五分鐘，加醬油及酒，再燒數透，卽可盛起。

（七）　炒韭菜

材料

韭菜半斤　菜油二兩　酒鹽各少許　豆乾一塊

製法

把韭菜洗淨，切爲寸斷，豆乾切爲細絲，炒時先把油倒入鍋中燒熱，將韭菜倒入，用鏟刀反覆炒之，等稍熟，加入酒及豆乾絲，再炒數下，微下食鹽及水，燒透卽起鍋，如喜葷食，可加肉絲。

第三節　菓菜類

（一）紅燒東瓜

材料

東瓜一斤　油一兩　醬油一兩

製法

用刀將多瓜外面皮刮去，去瓤、切爲方塊；再在其外皮一面，用刀劃深二三分之斜紋，然後倒油入鍋，燒沸，將東瓜倒下，用鏟刀反覆炒之，使遍沾油，再將醬油倒入，加水少許，蓋鍋悶燒，至爛熟爲度。

（二）　紅燒茄子

材料

茄一斤　油半斤　醬油一兩　糖、蒜、薑各少許

製法

將茄子洗淨，刳去子，切爲三角塊；然後倒油入鍋燒沸，將切塊之茄，倒

入油中炸之，等炸透，舀去鍋中餘油，加醬油，薑，蒜末再攪炒之，等汁乾即可盛起。又一法，將茄子洗淨，整隻放飯鍋內蒸，另以一碗，裝醬油麻油及糖，亦放飯鍋內蒸之，蒸熟後，將茄撕成片，放盆中，以蒸熟之醬油麻油澆之，味頗可口。

（三）　新蠶豆子

材料

新蠶豆子一大碗　菜油一兩　食鹽半兩　春筍一隻

製法

把新蠶豆子在豆莢殼內用三指擠出，盛於碗中；即以油鍋燒熱，加以食鹽倒入亂炒，片時，再加筍片和清水少許，蓋鍋再燒，約十分鐘就可盛起。

（四）　炒蠶豆瓣

材料
蠶豆半升，雪裏紅二兩　菜油三兩　醬油一兩　食鹽二錢　白糖少許
製法
把乾蠶豆先在清水中浸一夜，隔日撩起，剝去豆殼，置於碗巾。卽將油鍋燒熱，倒下炒之。先下以鹽，再下切細的雪裏紅和醬油等，蓋鍋燒十分鐘，加糖和味，味甚鮮美。
剝成豆瓣，最好在鍋上蒸輭，或煮輭，然後再炒。
（五）　紅燒四季豆
材料
四季豆半斤　油一兩　醬油一兩
製法

將四季豆去兩頭及兩邊老的筋，洗淨切斷，然後倒油入鍋，以四季豆倒入炒之，稍熟，加醬油及水少許。如加副料猪肉，則先以猪肉切下炒熟，然後再加入四季豆，燒至爛熟爲度。

第四節　其他類

（一）　炒豆乾

材料

豆腐乾四塊　榨菜二兩　油二兩　紅辣椒數個　糖少許

製法

將豆腐干榨菜紅辣椒切爲細絲，加油入鍋燒沸，合併倒入炒之，稍熟加醬油及糖，再炒十數下，卽可盛起，如加副料肉絲等，味更佳。

（二）　熗豆腐

材料

豆腐六塊　菜油二兩　醬油四兩　香菌八只　糖少許　葱珠少許

製法

把豆腐切爲厚半寸之薄片，倒油入鍋燒熱，將豆腐倒入稍煎，加醬油及香菌同煮，約一刻鐘，加糖調味，沸滾後，撒上葱珠，即可取食。

（三）　素薺菜肉絲羹

材料

薺菜半斤　豆腐干五塊　香菌扁尖（有鹽味的筍乾）屑各少許　食鹽蔴油少許　豆粉少許

製法

把薺菜去根，揀去草污，同清水入鍋，用冷水過清，用廚刀切成細屑。再把豆腐干切成細絲和香菌，扁尖屑等，一併傾入鍋內，加些食鹽，用清水燒數透。即下豆粉着膩。食時滴以蔴油，以引香味。

（四）　炒雪筍

材料

雪裏紅四兩　春筍四兩　茅豆子半杯　菜油一兩　醬油一兩　白糖少許

製法

把雪裏紅用廚刀切成細屑，再把筍剝殼，切成小骰子塊，然後將油倒入鍋中燒沸，即將雪筍茅豆倒入用鏟攪炒，約三分鐘，加以醬油，再關鍋蓋，燒了一透，以白糖和味，即可起鍋。

（五）　炒筍絲

材料

冬筍四隻　扁尖　香菌半兩　菜油一兩　醬油一兩　白糖半兩

製法

先把冬筍去殼，切成細絲，再將扁尖香菌用熱水放胖，扁尖撕絲，香菌切絲，然後將油鍋燒熱，將筍絲倒下攪炒，再下以扁尖，香菌，同時加醬油清水，蓋鍋炒之，約十分鐘，卽下糖和味，便可盛起。

（六）　煮乾絲

材料

好豆腐干十塊　醬油二兩　糖少許　蔴油二錢　薑絲少許　冬筍二隻　香菌數朶

製法

把豆干用刀切成極細絲，冬筍去殼，亦切爲絲，香菌用熱水放胖，切成細絲，同倒入鍋中，和入醬油清水，蓋鍋蓋煮二十分鐘，即可起鍋，加些麻油，薑絲，味極鮮美。

如葷食，可加火腿絲或肉絲，用雞湯或鮮味湯代水同煮，則味更鮮美。

第三章　醃貨類

第一節　葷菜類

（一）　醃鷄

材料

公鷄一隻　鹽六兩　酒四兩　花椒香料各少許　乾荷葉一張

製法

將鷄殺好去毛取去內臟，洗淨瀝乾，用鹽遍擦鷄身；再將酒、花椒、鹽，灌入雞腹腔內，放入缸中，上舖荷葉，用大石一塊壓緊，置淸潔地點。

（二）　醃肉

材料

豬腿一只　鹽一斤　黃酒一斤　花椒二兩　大茴香小茴香各少許　硝少許

乾荷葉數張

製法

將豬腿瘦肉一面，用刀劃數刀（使鹽容易透進）然後將鹽擦遍（如果將鹽同香料炒熱擦之亦可）放入缸中，再摻以鹽上澆黃酒，花椒，香料等，再放硝少許（硝可使肉色鮮紅，並可防生蟲）以荷葉平鋪蓋好上用大石重壓，越一月，將肉翻一面浸汁中，再過一月，將肉撈起掛通風處吹乾，如喜吃燻肉味，可燃柏樹枝或糠穀煙燻之。

（三）　醃魚

材料

青魚一條　鹽二斤　黃酒二斤　花椒香料各少許

製法

將青魚除鱗，幷去其腸，對劈破開，斷成三段，（不可在水中洗去其血，恐生水入內，易生蟲）。用鹽醃均勻，加以黃酒，香料等，舖平，用荷葉蓋好，再以重石壓之，月餘可食。

如喜吃糟魚，可將魚照前法醃入缸中，隔十日撈起，穿於竹籤上高懸晒之，晒乾上罎，徧塗酒糟，然後緊封其口，且擋以泥，他日取食，其肉血紅，其味馨香，且可歷久不壞。

（四） 醃鴨蛋

材料

鴨蛋三十個　鹽四兩　干酒三兩　爐灰（或黃泥）一升

製法

將鹽研細，然後將干酒爐灰一同拌和，再將鴨蛋洗淨晒乾，然後個個徧塗以灰，塗就隨即上壜，以筍殼緊扎其口，再擋以泥，月餘可食。

第二節　素菜類

（一）　醃雪裏紅

材料

雪裏紅二十斤　鹽二斤　茴香二兩

製法

將雪裏紅洗淨，掛竹竿上吹乾，然後取下，置於缸中，用鹽醃均，上壓重石，過七日撈起晒乾，每棵作成一圈，放入壜中，層層洒茴香末，裝至滿壜，用木槌塞緊，上面用稻草塞緊壜口，然後將壜翻轉，倒立於盆內，歷久不壞，其餘各菜製法皆同。

（二）　醃水菜

材料

大白菜十斤　鹽二斤半

製法

將大白菜洗淨，置入缸中用鹽醃勻，壓以重石，七日可食，惟不能經久，過久即帶酸味。

（三）　醃大頭菜

材料

大頭菜十斤　鹽二斤　大茴八只　小茴一兩

製法

將大頭菜洗淨，每只勻切四五片，用鹽在缸內醃之再用石壓定，越七八日，然後撈起哂乾，帶鹽上壜，重重加些香料，用筍殼油紙紥緊其口，二星期後，便可成熟。

（四）　醃香椿頭

材料

香椿頭十斤　鹽二斤　大小茴香各一兩

製法

將香椿頭洗淨吹乾，層層用鹽醃於壜內，醃勻，二面加以香料，以筍殼緊紥其口，兩旬餘，即可食矣。

（五）　乾蘿蔔

材料

蘿蔔十斤　鹽二斤　黃酒二斤　大茴香末二兩

製法

將蘿蔔洗淨吹乾，用刀切成細條，用鹽醃勻，置缸中，上壓重石，過一夜撈起，晒之微乾，再放缸內，用石壓起，過一夜，仍起晒乾，（不可過乾）然後收入罎中，用茴香末重重撒勻，迨裝滿罎，加以黃酒，緊扎罎口，外糊以泥，以免洩漏香氣，過一月可取食。

（六）　醃豆腐乳

材料

豆腐二十塊　鹽一斤　干酒一斤　花椒胡椒末各一兩　橘皮或廣柑皮數張

製法

將豆腐每塊切爲四小塊，置籠中，上覆以稻草，藏於陰風之處，使發酵起霉，閱五日，將鹽和香料拌勻，然後將豆腐塊塊四面蘸鹽，醃於罎中，隔一夜，將干酒倒入，蓋滿豆腐，上舖橘皮幾張，然後緊紮其口，使不洩氣爲佳，月餘即可取食。

第三節　其他類

（一）　造豆醬

材料

黄豆一斗　乾麵十斤　鹽十斤

製法

將豆浸一晚，次早倒入鍋中，以武火燃燒，悶之過夜使無殭塊，然後撩起，以籮盛之，瀝去豆汁，俟稍冷即和以麵，均撒籚中，上覆稻草藏於隱風之處，讓他發酵起霉悶四五日，見風收燥，然後將鹽用開水調入缸中（生水易生虫），俟冷，將豆浸入缸中，晒月餘，即可成熟。如做醬油，可將鹽水加多晒成深醬色，即成。

（二）　造甜醬

材料

麵粉十斤　鹽五斤

製法

將水與麵一同拌和，用手掐結，愈硬愈佳，然後切長條成塊，上甑蒸之，及透取出，再切薄片，平攤於篚，燜起霉毛，閱五日取出晒乾，愈乾愈妙，然後將鹽化水再下缸，時用醬筷翻轉，月餘成熟，（下缸時須擇天氣晴朗時行之，不然非獨色黑，且味酸。）

（三）　醬甜瓜

材料

青皮嫩生瓜五斤　鹽一斤　醬五斤

製法

將生瓜劈破對開，刮去其子，用鹽醃均，壓以重石，明日撩起，晒微乾然後侵入甜醬，瓜變深黃色，即可以食。

（四）　醬生薑

材料

嫩薑十斤　鹽二斤　醬八斤

製法

將嫩薑洗淨，去管皮，醃以鹽，次晨撈起，瀝乾，侵入甜醬內，半月可食

其他如醬蘿蔔、萵苣、刀荳等法、皆與前同。

第四章　點心類

第一節　米粉類

（一）湯糰

材料

白糯米二升　腿肉一斤　醬油二兩　葱、薑、黃酒各少許

製法

將糯米浸水中一日夜，然後帶水放石磨中磨之，（水磨粉細，乾磨粉較粗）用布盛接，濾去其水，將細粉晒乾，用時和水少許，取粉一塊，捏成空糰形，然後將已斬碎成糜狀調和醬油之肉，用匙舀入，再用手捏圓，使不漏，然後放入水鍋中燒之，浮起便熟，如喜甜食，可用荳砂，或松仁、

核桃、芝蔴、搗碎、調以生猪油、白糖、桂花等做餡，味亦佳美。

荳砂製法將紅赤豆煮爛後，用白糖炒成的。

（二）　糖年糕

材料

糯米粉五斗　粳米粉二斗　沙糖或白糖二十斤　桂花半斤

製法

將糖融成水，同粉拌和捏成團，然後上甑蒸熟，取出後，用白布包成長方形，用力反覆壓勻，成六分厚長條形；然後用蔴線切成一條條正方形或長方形，上洒桂花，味極香甜。如加以切碎之猪油及杏仁、核桃、松子等揉和，則更美。

（三）　糭子

材料

白糯米二升　火腿肉四兩　鮮腿肉一斤　糭葉數十張　醬油黃酒各四兩

鹽少許

製法

將鮮肉切匀為三四十塊，用醬油黃酒淆好，再將糯米洗淨，用糭葉做成三角形，扁方形或小脚形之殼子，先放糯米，加肉三塊，一鹹二鮮，然後再加米少許，做成，以絲草札緊，入鍋燒之，等水燒乾，再續加水，燒過數透，可熟。

如將紅赤豆，蠶豆瓣，栗子等拌米做成糭子，味也很美，如喜甜食，可用荳砂放其中。

（四）　八寶飯

材料

糯米一斤　白糖半斤　猪油半斤　蓮子十粒　芡實二十粒　蜜棗十個　桂圓肉十個　豆沙少許

製法

把糯米洗淨，上甑蒸熟，傾入瓦鉢內，和以白糖猪油拌之極和，然後將蓮子芡實、蜜棗、桂圓、豆沙等平舖另一碗底，把瓦鉢中巳拌和的糯米飯裝入碗內，上用小盆蓋之，上甑再蒸，蒸至爛熟，取出將碗翻轉，就可食。

（五）　剌毛糰

材料

腿花肉一斤　白糯米一斤　醬油、黃酒、葱、薑、鹽各少許

製法

將糯米隔夜浸起，肉用刀斬爛，和以醬油及酒葱薑等，做成肉圓，然後將隔夜所浸之糯米洗淨，撈起瀝乾，攤於籃中，乃以肉圓在糯米中滾之，肉圓黏糯米，很像刺毛，上甑蒸熟，即可以食。

（六）糯粥

材料

糯米一升　白糖十二兩　桂花少許

製法

將糯米洗淨，然後入鍋燒之，和以水，燜之數透，糯米即爛，遂成粥。食時再加桂花白糖等，味甜香異常。

第二節　麵粉類

（一）饅頭

材料

麵粉六斤　老糟一茶杯　白糖、鹼、少許

製法

麵粉用溫水拌和，加老糟，以手揉和置瓦鉢中，上蓋以布，等其發酵（如揭開看見麵顯蜂窩狀小孔卽已發好）然後取出，洒以鹼水，（鹼水可解除酸味）將麵和糖揉和成長條，引刀切斷，用手做成長方形或圓形，然後平放入蒸籠，過半小時，先將水倒入鍋中燒沸，然後上蒸，此時須武火燒之，約十分鐘可以熟矣。

如將做好之饅頭、不上蒸籠蒸，改在鍋中烤之，兩面烤黃，卽可食。

（二）　包子

材料

已發好麵一斤　麵一大碗（豬油、豬肉、豆沙等均可做餡）

製法

將發麵搓成長條，用刀切成小段用，手掌壓扁，然後將餡作心包就，上籠蒸之極透，便可取食。

（三）　餃子

材料

麵粉一斤　豬肉餡一碗（內加醬油葱、薑、鹽各少許）醬油四兩

製法

將麵粉用冷水揉和，用趕麵棍趕薄皮，然後以小碗口刻成圓形，中包以肉餡，摺轉邊用二指揑攏，便成水餃；然後入沸水鍋燒之，待浮起，再燒二透，即可蘸醬油食之。

又一法，即麵粉用開水（用開水即趕成麵皮不會變硬）揉和、搓條、切塊、以麵棍趕扁如月形，將肉餡包入，摺轉，揑薄其邊，其邊向上，「恐汁流出」）然後蒸熟（火大五分鐘已足，火小即須十分鐘）即可食矣。

（四）　春卷

材料

春卷皮半斤　腿花肉一斤　韮芽四兩（或多筍）　醬油二兩　酒二兩　糖少許

製法

將買來之春卷皮，上甑蒸之，微熟取出，可張張撕開，然後將肉洗淨，切成細絲，倒入鍋內用葷油炒之，待熟，加醬油、酒、蓋鍋燒之，肉爛加韮菜（切成寸長）用鍋鏟拌勻，加糖和味，即可鏟起，然後取春卷皮一張用筷拑肉絲置中央，包成卷形，再入油鍋，煎至兩面皆黃，即可以食。

（五） 水晶麵衣

材料

麵粉半斤　猪油四兩　菜油二兩　白糖四兩

製法

將猪油切成小塊，加麵、糖、微和以水，拌之如薄漿，拌就分數次倒入油鍋攤之，愈薄愈佳，一面煎黃，翻轉再煎，二面俱黃，即可以食矣。

如不喜甜食者，用鹽亦可，須加以葱或韭菜爲妙。

（六） 蓮花片

材料

蓮花十朵　菜油四兩　麵粉四兩　白糖二兩

製法

將麵粉加糖和清水拌成稀薄漿糊，然後用筷鉗蓮花瓣入麵粉內浸透，放入燒沸之油鍋內炸之，微黃即可撩起，裝入盆中，再撒白糖，即可食。其他如玉蘭花瓣（即木筆花）南瓜花瓣，均可照前法做之。

（七）　油酥餅

材料

麵粉一斤　菜油二斤　白糖半斤　豆砂餡一碗

製法

將麵粉分成二份，一份四分全用油拌和（如用熬好猪油更好），一份六分，用三分油七分水揉和，須軟硬適宜，然後摘成小塊，兩數須相等，再以大的包小的，搓成圓形，用手捺扁，用趕麵棍趕長，便卽捲好，形如竹管，將他豎直，用手捺扁中間，包以荳沙餡，四面捏攏，再用手稍為捺扁些，即成月餅，攤入鍋中，燃火烘之（此時火不宜過大），待二面皆黃，即可供食。

用黃豆炒黃捧粉，拌白糖猪油桂花作餡或用胡桃仁芝蔴搗碎拌白糖猪油米粉為餡亦可。

（八） 葱油餅

材料

麵粉半斤　蔴油一小碗　葱（切細）一碗　鹽少許

製法

將麵粉用水和勻，用手揉軟，分為六塊取一塊用麵棍趕薄，撒鹽少許，用手指塗勻，然後加蔴油一湯匙，塗勻，再遍撒以葱珠；然後卷成竹筒形，再轉成螺旋形，用手捺扁，放鍋中烤至兩面黃色，（此時火不宜過大，恐外皮焦，而內尚不熟也）即可取食，如烤時鍋中放油炸之，則更香脆。

（九）　炸麵脆（又名蔴花）

材料

麵粉一斤　菜油一斤　糖半斤　芝蔴一合　生礬少許

製法

麵粉用水揉和，然後加糖及芝蔴生礬少許用手捏勻，用麵棍趕薄，用刀劃成長一寸闊六分之長方形，正中劃一線，兩頭不穿通，然後將一頭向中正分線穿過即成。另一式即將麵搓成細條，約五寸長，然後摺轉成交絲狀，做成，乃將油倒入鍋中燒熱，然後倒下炸之，至兩面皆黃，即可食矣。和麵時放生礬少許，可使麵脆鬆脆而不實。

（十）炒麵

材料

切麵半斤　猪油四兩　醬油二兩　腿花肉半斤　冬筍一隻　韮芽四兩

製法

將麵下鍋，煮一透，卽撈起攤開吹乾，（或上蒸蒸熟）然後將肉冬筍切成細絲，韮芽切寸長，再將麵倒入鍋內，燒熟，先炒肉絲再放冬筍絲，加醬油，看肉已熟，將麵倒下，用鏟刀反覆炒之，再將韮芽倒下，和勻再炒，炒透卽可盛起。

第三節　其他類

（一）荳漿

材料

黃荳一升　白糖六兩

製法

將黃荳隔夜浸透，用銅瓢和水舀入石磨中磨細，倒入鍋中煮沸，然後盛入布袋，濾去豆渣，濾出的汁卽豆漿，再將豆漿放鍋中煮沸，加糖卽可食。又一法將黃豆和水入石磨中磨細後，卽直接盛入布袋，加水濾入鍋中，燒沸，卽可食，此法較省事，惟豆漿不如前法濃厚。

（二）　燒熟藕

材料

藕三枝　白糯米半升　白糖四兩（或沙糖）

製法

將藕（須選較老者過嫩無粉）三枝，洗淨泥污，用刀齊節切斷，再在每節任何一端斜切一邊，然後以洗淨之糯米，用竹筷塞滿藕孔，再把斜切的藕，用竹籤插上，放入鍋中微加鹼屑（使藕易爛），加水猛燒至藕爛，加白糖卽可起鍋，食時用刀切片，以白糖蘸食。

（三）　蕃薯泥（一名紅苕）豆泥附

材料

蕃薯六斤　白糖一斤　豬油一斤（熬好備用）　桂花少許　鷄蛋一個

製法

將紅苕洗淨，入鍋燒爛，去皮倒入瓦鉢中，用有孔漏瓢用力搗之，苕泥自小孔不斷浸入，積多用湯匙舀入碗中，至搗不出苕泥爲止，然後加白糖，桂花調勻，再將豬油放入焗中熬熱，倒苕泥入焗中反覆攪炒，成砂粒狀，卽可盛入盆中，另取一碗將蛋白瀝入，狠打數百下，至成白雪狀，乃倒入茗泥上面，極美觀。

（四）橘酪湯

材料

橘子三隻　白糖一兩　桂花少許

製法

把橘子剝去外皮，分成數瓤，每瓤剝去外皮，再去核，同清水入鍋中燒透，和以白糖，再加桂花，即可盛起，味很甜美。

校勘者　韓維彩

中華民國三十四年四月渝初版
中華民國三十五年五月滬一版
中華民國三十五年九月滬二版
中華民國三十六年三月滬三版

國民文庫

家常菜餚烹調法

每冊定價國幣一元二角
（外埠酌加運費匯費）

著作人　程冰心

發行人　劉百閔

發行所　中國文化服務社
上海福州路六七九號
電話：九一七〇五
電報掛號五一一二三

印刷所　中國文化服務社印刷廠

書名：家常菜餚烹調法
系列：心一堂・飲食文化經典文庫
原著：程冰心
主編・責任編輯：陳劍聰

出版：心一堂有限公司
通訊地址：香港九龍旺角彌敦道六一〇號荷李活商業中心十八樓〇五一〇六室
深港讀者服務中心：中國深圳市羅湖區立新路六號羅湖商業大廈負一層〇〇八室
電話號碼：(852)9027-7110
網址：publish.sunyata.cc
淘宝店地址：https://sunyata.taobao.com
微店地址：　https://weidian.com/s/1212826297
臉書：　　　https://www.facebook.com/sunyatabook
讀者論壇：　http://bbs.sunyata.cc

香港發行：香港聯合書刊物流有限公司
地址：香港新界大埔汀麗路36號中華商務印刷大廈3樓
電話號碼：(852) 2150-2100
傳真號碼：(852) 2407-3062
電郵：info@suplogistics.com.hk

台灣發行：秀威資訊科技股份有限公司
地址：台灣台北市內湖區瑞光路七十六巷六十五號一樓
電話號碼：+886-2-2796-3638
傳真號碼：+886-2-2796-1377
網絡書店：www.bodbooks.com.tw
心一堂台灣秀威書店讀者服務中心：
地址：台灣台北市中山區松江路二〇九號1樓
電話號碼：+886-2-2518-0207
傳真號碼：+886-2-2518-0778
網址：http://www.govbooks.com.tw

中國大陸發行　零售：深圳心一堂文化傳播有限公司
深圳地址：深圳市羅湖區立新路六號羅湖商業大廈負一層008室
電話號碼：(86)0755-82224934

版次：二零二零年二月，平裝

定價：港幣　七十八元正
　　　新台幣　三百五十元正

國際書號 ISBN　978-988-8583-12-6

心一堂微店二維碼

心一堂淘寶店二維碼